Osservazioni sopra alcune particolari petrificazioni nel Monte Misma

GIOVANNI MAIRONI DA PONTE

1812

TABLE OF CONTENTS

DEDICA

A' suoi Discepoli
nel Regio Liceo.

Il professore
MAIRONI DAPONTE

A Voi, dilettissimi miei Discepoli, piuttostochè ad ogn'altro questo opuscolo debbo intitolare, come a quelli, che, essendomi compagni indefessi nello studio della Natura, potete meglio intenderlo e più assaporarlo. La Storia Naturale, la quale ha per soggetto tutto ciò, che forma, veste, abita e circonda la Terra, può dirsi a tutta ragione per antonomasia la scienza dell'Uomo. E difatti Voi pure collo studio vostro intenso una prova non equivoca avete data della persuasione di questa verità.

Sentiste tante volte negli scolastici nostri trattenimenti, che lo scrigno della Natura, nel quale essa ha riposto le maggiori sue ricchezze, sono i monti. Dal fatto, che ora vi metto sott'occhio, il quale è perfettamente analogo e conforme alle teorie, che replicatamente vi ho spiegate, vi risulterà ed evidenza che le stratificazioni delle montagne sono, per dir così, l'archivio, in cui si trovano registrati i documenti autentici, irrefragabili e più luminosi della longevità del Globo; e resterete convinti, che questi sono i vhj codici, sui quali conviene studiare l'antica storia del nostro Pianeta, qualora si voglia la stessa senza errore e nella sua verità apprendere.

Molto in vero sarà ricompensato il tributo, che vi fo, Discepoli dilettissimi, se il tenue mio lavoro vi riesca in qualche guisa di avvantaggio e di aggradimento, non altro essendo stato lo scopo, che mi indusse a presentarvelo. Ho inteso altresì di procurarmi in ciò un'occasione d'offerirvi una nuova prova di quel sentimento e di quella premura, che nudro per Voi, la quale, del pari che i meriti vostri singolari, mi ispira una sincera stima ed affezione.

OSSERVAZIONI SOPRA ALCUNE PARTICOLARI PETRIFICAZIONI NEL MONTE MISMA

Mentre i più ingegnosi ed arditi indagatori della Natura disputano sul modo, sui mezzi, sui materiali e sulle epoche, in cui è stato conformato il globo, che abitiamo, io, che misuro le mie forze, e ne sento la debolezza, lontano dal decidere se le valli e i monti e l'acqua e l'atmosfera opera sieno di Plutone, di Vulcano o di Nettunomi limito ad esaminare i luoghi a me più vicini, per offerire ai geologi qualche osservazione più o meno nuova, più o meno importante, ma sempre veridica ed esatta, che eglino sapranno attaccare a qualche anello della loro sistematica catena, al quale meglio convenga. Io mi reputo fortunato, se posso sollevare un piccol angolo del velo, onde Natura si copre; ma ben mi guardo dal volerne dal poco, che ne veggo, disegnare l'intera figura. Con questo principio, siccome altre volte ho ragionato di alcune di quelle sostanze, per le quali i monti e le valli del nostro Dipartimento si distinguono e si apprezzano, così ora, il mio costume seguendo, parlerò di alcuni corpi particolari, che nel nostro Misma si trovano degni per mio avviso d'essere illustrati.

Trè ve n'hanno ben rimarchevoli, oltre le Cotiabbastanza note per l'esterno uso e commercio, che se ne fa, cioè gli Ammoniti, i Belenniti, e certi Corpi Silicei rotondi o tondeggianti. Ma prima di trattare di queste sostanze particolarmente, parmi opportuno anzi necessario di dare un'idea della fisica costituzione del monte medesimo. Esso è il maggiore fra quelli, che fiancheggiano la nostra Valseriana alla sinistra presso lo sbocco di essa nella pianura. È considerabile l'altezza del monte, e non lo è meno la di lui ampiezza alla base: specialmente se per sue adiacenze si considerino alcune grandi appendici e colline, le quali derivate dalla di lui cima o vetta, denominata Piz misma, lungamente si stendono per ogni verso

Questo monte osservato in qualsivoglia sua parte presenta sempre un corpo di roccia calcaria, la quale sembra essere la calcaria Alpina: Kalken Alpen di Ebelcosì pure classificata da Lupin nel suo Catalogo de' fossili del Tirolo e della Svevia, e che per asserzione del ch. signor Brocchicostituisce la catena delle montagne, che dalla parte del nord circoscrivono la pianura dell'antica Lombardia. La stratificazione poi della roccia, segnatamente sulla vetta del monte verso il sudest, ov'essa per un esteso tratto presenta l'aspetto della desolazione e dell'orrore, è formata di massi sterminati, confusamente disposti, rovinosi e frastagliati da caverne e da profonde screpolature, atte a far conoscere che questa grande mole nella sua longevità ha soggiaciuto a terribili reiterate catastrofi.

Il luogo, ove gli Ammoniti ed i Belenniti si trovano, Macla denominasi, ed appartiene propriamente a quella parte del Misma, che al nordest è rivolta; anzi con tal nome non viene chiamato che un picciol tratto della pendice costituente sulla destra il vallone, il quale dal dorso di una falda del Piz misma rivolta all'est discende precipitosissimo verso il nord, e mette fra le due contrade di Fiobbio e dell'Abbazia Siffatta pendice, ossia laterale costiera, la quale ha le sue radici immediatamente al caseggiato dell'ultima di esse villette, s'inalza ripidissima, e quasi per retta linea sino alla sua cima, ove di Piz abbazia prende il nome. Ad una mezz'ora di faticoso cammino dalla contrada trovasi Macla, ove aperta vedesi una bria nel vivo del monte, all'uopo di trarne della pietra; la quale, strateggiata per lo più minutamente, ha invitato i terrazzani a cavarla, ed a lavorarla in opere da fabbrica. Le stratificazioni, che costituiscono questa cava, considerate quanto alla loro disposizione relativamente all'orizzonte, non reggono punto alla comparazione dei tratti marcati grossolani ed infranti della stratificazione in grande della montagna, i quali dalla crosta vegetabile spuntano in fuori sul sinistro lato del vallone in prospettiva a Macla, e che poco più di un tiro di fucile ne sono lontani. Delle prime l'angolo di elevazione verso il sudest supera i quarantacinque gradi, quando ne' secondi è di una dimensione incomparabilmente minore.

Visitai il giorno 7 d'ottobre dell'anno scorso questo luogo, invitatovi da un amico, il quale non lungi da colà abitando aveva in occasione di caccia avuto motivo di passare per quell'adiacenza della sua patria, e di vedere fra le mani dei lavoratori, e fra i rottami della cava alcuni degli impietrimenti, che prendo ad esaminare. La pietra, nella quale essi si rinvengono, è di una frattura terrea, concoide, raramente scagliosa, senza lustro e senza pellucidità, ma di una grana alquanto fina, certamente delle sotto specie della roccia Alpina, che io oserei dire un vero passaggio dalla calcaria rozza al marmo detto Maiolica

Quivi si vede dall'est all'ovest squarciata per sessanta piedi circa parigini la crosta vegetabile del monte in due sezioni, l'una in fianco e più profondamente dell'altra, ed immediatamente sotto comparirvi, prima uno strato massiccio calcare ineguale e fesso su ogni verso, il quale nella maggior sua grossezza ha tre piedi e nove pollici: poi un ammasso di alcune ineguali stratificazioni poco discernibili, perchè spesso nel loro margine collegate da stalattiti; le quali minute stratificazioni tutte insieme un volume presentano di due piedi e nove pollici. Sì il primo che le seconde mostrano di insistere tutte sopra un nuovo strato massiccio parimente screpoloso, e che sembra formare tetto ad altre minute stratificazioni sottoposte, le quali all'altra sezione appartengono della medesima bria. Questo secondo strato grossolano è scoperto in lunghezza ventun piedi circa; ed ha due piedi e dieci pollici di grossezza. Principiano immediatamente sotto di esso le dette seconde minori stratificazioni, che sono molte, tutte tagliate su di uno stesso segmento, complessivamente della grossezza di due piedi, poi due altre, e finalmente un'altra ancora, tutte insieme della grossezza d'altri due pollici circa. Sino ad ora nè quest'ultima, nè le due precedenti si veggono troncate sulla medesima linea delle stratificazioni precedenti, sebbene ne sia stata staccata molta parte per lavorarla; ma si stendono inegualmente verso l'estremo limite della cava all'ovest, dove è nuovamente terminata dalla crosta vegetabile. A questo punto poi vedesi formar letto a tutte insieme le ridette stratificazioni un terzo banco, ossia strato massiccio calcario screpolato, il quale non è stato peranche dai lavoratori attaccato. Essendo in attività oggidì piucchemai la cava di Macla, succeder deve infallibilmente, che le minute stratificazioni della roccia, le quali sono le più adoperate, vengano a restar consunte, e quindi a sottraersi dalle geologiche osservazioni, ed a smarrirsi totalmente questi preziosi documenti del soggiorno del mare in quella situazione, certamente ne' tempi primitivi del nostro pianeta E daltronde chi sa che inoltrandosi verso l'est, ed in profondità le scavazioni, non si scoprano altri più copiosi depositi marini ed ammassi di reliquie degli abitatori dell'avo del nostro mondo! Lo strato massiccio secondo e terzo, che abbiamo veduto formar letto a tutti gli strati superiori, sono dessi quelli, ne' quali i Belenniti, di cui avrò a parlare, si trovano; e se ne vede pure qualche raro frantume nelle stratificazioni minute, esistenti fra i banchi massicci, nelle quali si incontrano gli Ammoniti.

Ciò premesso incomincierò a dire di questi. Convien notare che la maggior parte de' Corni d'Ammone non si ha nel massiccio delle calcari stratificazioni, ma fra l'una e l'altra in una specie di litomargadalla quale gli interstizj sono riempiuti. In questi gli Ammoniti disposti sono orizzontalmente, o quasi paralelli alle stratificazioni medesime; e comhè di diversa grandezza, vi si trovano nella maggior parte interi: quando al contrario gli altri nel massiccio della stratificazione incorporati, anzicchè intatti, si veggono più infranti e variamente disposti. Parrebbe quindi potersi da siffatta disposizione di esse conchiglie prendere argomento per dedurne: primieramente che gli Ammoniti, nella calcare stratificazione incorporati, vi restassero abbandonati in tempo di burrasca e di sconvolgimento delle acque, ed in un punto, in cui lo strato era molle e non ancora rappigliato: in secondo luogo che gli altri vi sieno stati deposti sopra, consolidate essendo già le materie, che lo strato formavano: e finalmente che questo abbia servito di appoggio anche alla deposizione della litomarga, la quale vi si trova poco aderente. Sembra poi, siccome ho accennato, che nella disposizione e formazione degli strati massicci e grossi, ne' quali non mi è riuscito di vedere che certi corpi cilindrici, cui per Belenniti ho poi riconosciuti, non abbiano avuto luogo gli Ammoniti. Dirò soltanto che lo stesso interstizio fra l'infima delle minute stratificazioni appartenenti alla prima sezione, ed il secondo degli strati massicci, in cui qualcuno de' corpi cilindrici si è trovato, vedesi pur esso cosperso di Corni d'Ammone nella sola litomarga avvolti. Questo fatto potrebbe servire a far conghietturare che differenti d'epoca sieno state le deposizioni, da cui risultano le formazioni delle diverse stratificazioni e dei banchi massicci, frammisti delle une e delle altre di queste animali spoglie marine.

In primo luogo, l'Ammonite Helmentholithus Linnei spec. 41, Lapis Ammonius Cardani, Ophioites Aldrovandi, la quale fra tutte le conchiglie fossili, a detta generalmente de' Naturalisti, e specialmente di Gesnero De petrif. different. è la più diffusa sopra la terranoi non l'abbiamo unicamente in Macla, ma eziandio in molti altri luoghi del Dipartimento, e segnatamente sulle falde del nostro San Bernardo presso Palazzago, nelle adiacenze del nostro monte Canto incorporate nella roccia al disopra di Ventolosa e nella montagna di Grone e ne' suoi contorni presso Entratico, ove nel marmo rosso vinato si suol osservare. Ma certamente in nessuna di tali situazioni questa fossile conchiglia si trova sì copiosamente ed in così interessanti circostanze, come nella pendice del Misma.

Debbo però accennare riguardo ai nostri Ammoniti di Macla, che in iscambio d'aver essi il guscio distrutto, e rimanerne soltanto il nocciolo formato di una terra sostanza, siccome rispetto ai Corni d'Ammone della Valtrompia è avvenuto di rimarcare al lodato signor Brocchi, a me questi sembrano aver conservato lo stesso loro guscio lapidifatto: nella stessa guisa che pietra si è fatta la sostanza, che vi ospitava, o che in istato di fluidità e di scioltezza deve nel guscio medesimo essersi intrusa ad occupare il vuoto lasciato dall'animale perito e scomposto. Se nella conformazione presente de' nostri Corni d'Ammone non entrasse la parte costitutiva del guscio, e se quel, che ora abbiamo di questa fossile conchiglia, non fosse che il nocciolo calcare corrispondente al solo verme, la voluta della medesima dovrebbe vedersi procedere isolatamente da lasciare nel giro suo sempre uno spazio, per cui non dovrebbe toccarsi mai nelle sue rivoluzioni la spirale; il quale interstizio, vivente il verme, andava occupato dalla grossezza del guscio medesimo. Questa osservazione cade maggiormente in acconcio riguardo ai guscj di quegli Ammoniti, i quali, siccome abbiamo veduto, si rinvengono

nella litomarga avvolti, fra l'una e l'altra delle pietrose stratificazioni, ove
certamente possono dirsi vera pietra in una terrea friabile sostanza. Eppure
anche in questi il nocciolo è continuato, di una stessa pietra, senza
interstizio fra i giri della spirale, su cui la voluta è condotta e lavorata.

Il medesimo fatto poi trovasi avverato forse con maggior evidenza ancora
riguardo ai Belenniti, de' quali ora avrassi a parlare. I più di essi veggonsi
conservare l'ossea sembianza, comhè tanto il guscio, quanto la contenuta
materia si disciolgano negli acidi senza la minima differenza. Oltre di che
pare al certo che, se degli Elmintoliti, di cui trattasi, quello, che ci rimane,
non fosse veramente se non se il solo vuoto nella roccia lasciato dal verme
scomparso e riempiuto poscia dalla sostanza, di cui essa roccia è composta,
pare, dissi, che ogni lineamento ed ogni sembianza conchigliacea ne dovesse
andar cancellata e confusa dalla identità della materia, da cui è attorniata: ciò
che certamente nel presente caso non è avvenuto Sarei quindi di parere che
gli impietrimenti, di cui parliamo, non sieno una distruzione del guscio, ma
una compenetrazione del medesimo, dovuta ad un succhio lapidifico, il
quale una tale metamorfosi abbia operato, siccome non si può dubitare
essere avvenuto riguardo agli impietrimenti vegetabili, che qua e là su tutta
la Terra si rinvengono

I Corni d'Ammone scoperti in Macla, nella maggior parte hanno la voluta,
ossia il corpo conchigliaceo del diametro di un pollice e mezzo a due, o a
due e mezzo. Se ne trova però qualcuno d'assai più picciolo, cioè della
grossezza di un lupino, ed alcuno se ne è ritrovato di mole assai maggiore.
Ne ho veduti altresì di quelli, che quasi cinque pollici nella loro voluta
avevano di diametro. Mi è accaduto pure d'avere alle mani alcuni pezzi di
questa conchiglia cavati fuori dal massiccio della stratificazione, i quali dalla
mole loro, e dalla qualità della curva rappresentata dalla loro medesima
circonvoluzione; sembrano appartenere ad Ammoniti di maggiore
grandezza ancora. Non saprei dire se questa sì notabile differenza di volume
dipenda tutta da disparità di età, o piuttosto da degradazione di specie,
essendo numerose le varietà o sottospecie di tale Elmintolite, siccome fra gli
altri osservano Bertrand, Scheuchzer, Bromel e Desailier d'Argenville. E
daltronde nello stato presente di queste nostre fossili conchiglie non è sì
facile di rilevarne a tutta evidenza le caratteristiche specifiche differenze
sopra quelle, che una disuguaglianza d'età potesse portare. Io sarei
nullameno inclinato a classificare praticamente la maggior parte de' nostri
Ammoniti di Macla nella varietà decima seconda della seconda specie
descrittaci dal primo dei citati litologi nel suo Dictionnaire des fossiles .
Cornes d'Ammon a stries simples, ou fourchués à dos crenelé et dentelé.
Nei frantumi poi di questa marina conchiglia, i quali entrano a formare
l'impasto delle tante volte nominate stratificazioni di Macla, mi è riuscito di
ravvisarne alcuni come globulati, che frazioni potrebbero considerarsi

dell'Ammonite descrittoci dal lodato Bertrand sotto la terza varietà della sua prima specie» Cornes d'Ammon tuberculeuses et lisses à un ou deux rangs de petites tubercules rondes placée sur la superficie de la volute exterieure .» Molti naturalisti, siccome accenna l'encomiato signor Brocchi nel suo Trattato Mineralogico Chimico sulle Miniere di Ferro del Dipartimento del Mella, vogliono che i Corni d'Ammone, avendo esistito in tempi rimotissimi, oggidì non abbiano più gli originali nel mare. A parere di questi filosofi noi riconoscer più non dovremmo fra i viventi questo verme conchiglia, ma potremmo collocarlo senza esitanza nel catalogo delle tante specie animali perduteWoodward e Linneo all'opposto pensano che questi prototipi degli Ammoniti sussistano tuttora; ma che, essendo il naturale loro soggiorno il cupo fondo dell'Oceano, non possono essi più farsi a noi visibiliContro però l'opinione di questi due grand'uomini sembra formar obbietto il rinvenire, che oggidì si fanno insieme a tale Elmintolite pietrefatto altre conchiglie, siccome osservò anche il di sopra lodato sig. Brocchi, delle quali si pretende conoscere attualmente viventi i prototipi; quindi come credere che i soli Corni d'Ammone si sieno sottratti dal novero delle conchiglie litorali, e siensi sepolte a convivere nelle maggiori profondità dell'Oceano fra le pelagiche?

Sembra che favoriscano al contrario l'opinione di Linneo e di Woodward almeno quanto all'attuale sussistenza degli Ammoniti in seno al mare le osservazioni del naturalista G. Bianchi De conchis minus notis, il quale nell'arena vomitata dall'Adriatico sul lido presso Rimini trovò grande quantità di picciolissime conchiglie, nelle quali con occhio armato potè evidentemente discernere i lineamenti tutti dell'Ammonite identifico, che oggidì fossile in tanti luoghi noi ritroviamo sicchè in tale caso, piuttosto che smarrita e distrutta dovremmo credere questa specie di viventi marini caduta in una essiva degradazione dalla originaria sua grandezza. Ma se riflettasi poi, che gli Ammoniti e le altre conchigliette microscopiche trovantisi nelle arene sul lido dell'Adriatico, non iscopronsi mai viventi, e che morte si rinvengono ugualmente nelle sabbie de' monti, de' colli e de' torrenti degli Appennini, si potrebbe anche dire che da questi luoghi sieno pure state strascinate al lido del mar Adriatico quelle stesse osservate dal Bianchi, non che le altre vedute sulle sponde del mar Tirreno e Ligustico, anzi che crederle nate in que' pelaghi, e dall'acque vomitate sulle sponde.

Ammessa l'opinione maestrevolmente proposta dal sig. Brocchi, che la Natura abbia alle specie animali circoscritta la durata, nella guisa, in cui vediamo averla essa limitata agli individui, conviene certamente immaginarci, che, trattane la influenza, che nella distruzione di qualche specie possa per avventura aver avuta quella terribile, e, per dir così, quasi subitanea catastrofe rammentataci anche dalla Sacra Storia, e cui troviamo sì vivamente impressa su tutto il Pianeta, convien, dissi, immaginarci che l'annientamento o cessazione delle tante altre, delle quali non ci rimane che qualche fossile antica reliquia, eseguito siasi dalla Natura coll'abbandonare le specie all'imperio di questa inesorabile sua legge; contro cui vincerla non potè pur anche il non men forte principio in tutti i viventi insito della smania per la perpetuazione della specie. Quindi nella maggior parte delle predette razze animali terrestri o marine, onde giungere per siffatta via all'ultimo loro termine, le generazioni devono aver passati tutti gli innumerabili gradi di indebolimento progressivo nella congenita forza riproduttiva; sicchè degenerando a poco a poco dalla originaria grandezza e moltiplicità e diminuendosi così insensibilmente nell'una e nell'altra gli individui, abbiano portata la propria specie a cancellarsi dal ruolo delle sussistenti. Ora dai tenuissimi Ammoniti microscopici dal nostro Bianchi riferiti, che pur vorrebbonsi fra le specie tuttora sussistenti, e da quelli poco più grandi rammentatici da Hoffmann, rimontando noi coll' immaginazione agli Elmintoliti fossili osservati nelle stratificazioni di Macla, e più ancora a quello descrittoci da Antonio Vallisnieri de Statu Diluv., che dieci piedi avea di circonferenza, ed all'altro veduto da Spada, che pesava più di cento libbre Ceta lapid. figurat. agri Veron., i quali da certuni vorrebbonsi i veri prototipi degli Ammoniti, che vissero dappoi, come dedurre potrebbesi il numero de' secoli dalla Natura impiegato nel portare siffatti abitatori del mare ad estremi così distanti di grandezza de' loro corpi! E quanto maggior tempo poi per ridurre con sì lento passo tali razze viventi al totale loro estinguimento!

Ma lasciamo questi calcoli sempre superiori al nostro intendimento, e passiamo alla descrizione sistematica de' nostri Belenniti.

I Belenniti Helmintholithus Linnei spec. 23, Belemnites Aldrovandi Muss. 618, Belemnita Wall, spec. 465, che in Macla si trovano, cono corpi cilindrici retti, della grossezza di un terzo di pollice circa, e della lunghezza di quattro pollici sino ai sette, ed impiccoliscono quanto più dall'apertura ossia base si passa all'opposta estremità, ove essi finiscono in punta troncata. Esaminati attentamente nella loro superficie questi nostri Belenniti, altri presentano un corpo liscio continuato, altri lo mostrano attraversato da frequenti leggerissime segnature, principalmente vicino alla loro base, le quali talora sfuggono all'osservazioneSono di una tessitura sottile e dilicata nel loro contorno; e se vengono ridotti in pezzi, mostrano d'avere una fibra longitudinale, che vi sta nel mezzo, e a cui si veggono condotte dalla circonferenza del cilindro, quali strie concentriche, le fibre orizzontali, che il loro interno formano. Esponendo al fuoco questi Elmintoliti, spargono essi un odor fetido, simile a quello del corno bruciato e della polvere da fucile. Riscaldandoli leggermente, e poscia nell'acqua fredda immergendoli, si spezzano longitudinalmente dietro al loro asse, il che anche a Wallerio avvenne di sperimentareIn quelli poi, ai quali per qualche causa accidentale non era stata affatto distrutta la base, ho ravvisata una cavità conica più o meno larga, in alcuni vacua, ed in altri chiusa da carbonato di calce. E ne ho avuto alle mani uno, in cui osservavasi invece una specie di alveolo fatto a chiusure superiormente convesse, incassate le une sopra le altre, e che tutte insieme una specie di lungo cono formano, simile a quello che veggiamo negli Ortoceratiti OrthoceratitesE in altri queste parti organiche particolari della fossile conchiglia hanno smarrita ogni determinata figura nella sostanza, da cui essa è compenetrata e piena. La sostanza è assolutamente calcare, sperimentata tale con tutti i processi chimici, siccome lo è lo stesso guscio; il quale vedesi di un color osseo oscuro, affettando nell'interno una tinta più chiara, pellucida, testuginosa, di cui certamente non è la pietra, nella quale la marina spoglia mirasi incorporata.

Varie sono le opinioni sì degli antichi, che de' moderni sull'origine del Belennite fossile. Tutti e trè i Regni della Natura se lo sono disputato. Ma cadono pienamente quelle opinioni, che non ammettono questi corpi nella classe delle conchiglie marine petrificate. La loro struttura interna e la loro esteriore cortia chiaramente dimostrano, che questo corpo cilindrico ha servito di soggiorno ad un verme marino, il quale, distrutto poscia e scomposto, ha lasciato il suo casolare in preda ad una sostanza lapidea, che l'ha compenetrato e riempiuto sì, da far passare il Belennite dal regno animale a quello de' corpi inorganici

Anche questa conchiglia per parere de' più grandi naturalisti è da tenersi fra le specie animali perdute, o almeno fra quelle, che, abitando negli abissi del Baltico o dell'Oceano glaciale, non si lasciano più da noi vedereLa Scandinavia e le Australi regioni sono desse quelle, nelle quali li Belenniti fossili ordinariamente si trovano dispersi nelle situazioni più apriche e nelle campestri areneed è certamente cosa assai rimarchevole e strana il trovarne presso di noi.

Ci resta per ultimo a ragionare de' corpi Silicei rotondi o tondeggianti, che formano la terza delle rarità naturali, che nel Misma è riuscito a me d'osservare. Sotto il mentovato piz o vetta, e nelle adiacenze, ove il nucleo o la falda del monte non è rivestita di crosta vegetabile, trovansi non infrequenti certe pallottole fossili, confusamente racchiuse in alcuni tratti della mentovata roccia Alpina. Veramente non è rara cosa il vedere anche altrove strati calcari frammezzati da strati selciosi; e ciò ci si presenta all'occhio quasi dappertutto, ove accade di scorrere montagne di questo genere nel nostro Dipartimento. Alcune poi di siffatte selciose stratificazioni, le quali alternano colle calcari, e ne seguono l'andamento ne' banchi meno massicci della roccia calcaria, si veggono specialmente nelle pendici laterali del ridetto vallone presso Macla; quivi la selce è di color, ora verdognolo, ora oscuro ed ora rosso vinatoAnche le Alpi propriamente dette e gli Appennini ne offrono in più luoghi chiari esempj. Ivi pur veggonsi talora stratificati in mezzo ad una sostanza terrea de' ciottoli silicei, e benanche il che però è raro di que' ciottoli, che sono un ammasso evidente di conchiglie marine selcificate. Ma tali non sono quelli, che nel Misma noi abbiamo. Queste nostre pallottole sono di Una selce verd' oscura o nericciaE mentre molte sono perfettamente sferiche o quasi sferiche, altre hanno una rotondità variata ed irregolare. Alcune hanno un nocciolo continuato tutto di un pezzo; altre lo mostrano screpoloso e fesso. Alcune presentano de' buchi ne' fianchi; ed altre hanno un vuoto nel centro a foggia delle etiti, ingombro di terra arida calcare, che sembra essere stato il nocciolo, su cui la palla siasi lavorata. Alcune sono nude e levigate nel contorno, altre coperte di una patina o crosta tufacea. Alcune hanno un pollice di diametro, ed allre sino a cinque; e sembrano palle da cannone. Tutte si veggono incorporate nella roccia Alpina, alla maniera, che nella molle cera resterebbero conficate le palle d'artiglieria, con forza cacciatevi. E finalmente talune di queste pallottole s'incontrano di maggior volume, le quali, come se fossero state dalla sovrapposta roccia schiacciate e sformate, rappresentano tutt'altra figura. Il fenomeno dà all'occhio segnatamente lungo il viottolo, che attraversando la pendice meridionale del monte sotto l'accennata vetta conduce al santuario denominato S. Maria di Misma

E cosa sono mai questi ciottoli o palle? Entrarono desse già così figurate e dure nella roccia Alpina ancor molle? Ovvero la terra calcare venne depositata sopra corpi facili ad essere distrutti, quali sono le sostanze animali e vegetabili? E dopo che quella si è rassodata in pietra, come si sono queste consunte, lasciando così la forma, in cui l'acqua per infiltrazione pare che abbia poi deposta la selce? Ma giacchè molti ciottoli o palle hanno nel mezzo una specie di nocciolo bianco e calcare, come se ne spiegherà la formazione? Queste selci rotonde furono talora credute frutta di varie specie selcificate; ed alla figura si potrebbero considerare per tali; ma con qual mezzo può essersi riempiuto di terra calcare il luogo del nocciolo o della capsula, essendo selcioso il resto del corpo, cioè riempiuto di selce il vuoto, che prima occupavasi dalla drupa?

Qualche naturalista ha opinato che cotali palle, anche altrove per avventura rinvenute, non sieno vere impronte di frutta, ma animali lapidificati in istato letargico; nel quale conformansi avvolgendosi a foggia di palle, come nelle Marmotte osservò Prunelle De la Méthérie Dictio. ann. 1811, e noi veggiamo tuttodì negli scoiatoli e nelle serpi, che lasciano sempre nel centro, acchiocciolandosi, un vano più o meno grande; ed ha perciò conghietturato che questi animali così intormentiti sieno stati ricoperti di terra calcare penetrata pure nel vuoto centrale, dentro la quale perirono, e che siensi poscia, dopo l'induramento della terra, distrutti e consumati, lasciando un vacuo tondo o tondeggiante, col nocciolo calcare in mezzo; nel qual vuoto l'acqua abbia in fine portata per filtrazione la selce ad occuparlo. Altri pensano che la selce sia penetrata ad occupare questi vacui nella roccia

Alpina, o sieno eglino stati lasciati da sostanze animali scomposte, oppure da vegetabili distrutti: e che, siccome le selci hanno sempre una porzione qualunque di calce, così questa a poco a poco sia penetrata nel centro, od in altro luogo determinato dalla combinazione delle circostanze, e molto più dal libero esercizio delle chimiche affinità.

Io non oso di condannare, nè di approvare siffatte conghietture. Debbo però, per la pura verità, far osservare non essere nuovo che trovinsi nel marmo delle impronte non solo di vegetabili, ma ben anche d'animali ignudiSi sa dalla chimica altresì che l'acqua mediante l'acido spatico tiene in dissoluzione la selce, e che l'acido carbonico dall'acqua precipita la selce del pari che la stessa calce. Per il che il signor Achard, se creder vogliamo alle sue sperienze, da arena quarzosa ed acqua impregnata d'aria fissa acido carbonico, ottenne de' piccioli cristalli di quarzo jalino. Il cel. Faujas S. Fond, vedendo tutti i legni petrificati cangiarsi in selce, ancorchè nel mezzo di terre e pietre calcari, opina che ciò tenga a qualche grande operazione della Natura da noi non ancor conosciuta, se non negli effetti Geolog. T. I

Ho esposto, più che la mia, le opinioni altrui sul fenomeno delle palle silicee, che nel monte Misma troviamo. Ma non posso dissimulare che le precedenti di lui spiegazioni non si presentino a me stesso avvolte in difficoltà grandissime, segnatamente nella parte, che risguarda i primordj di siffatte palle, i quali voglionsi derivare da sostanze vegetabili od animali. La ineguaglianza così marcata di questi pezzi silicei ora grandi, ora piccioli, ora ignudi, ora di tufacea patina vestiti, ora tondi o tondeggianti, ed ora sotto altre non analoghe configurazioni nella roccia Alpina schiacciati, sembra, oltre i tanti altri, un obbietto fortissimo contro le riportate teorie. E non si potrebbe piuttosto spiegare il fatto con una di quelle chimiche operazioni, che noi troviamo così famigliari alla Natura in tutti i suoi fenomeni; e alle quali dobbiamo sempre ricorrere ogni qualvolta ragionar vogliamo della conformazione primitiva e progressiva della crosta del nostro Globo? In questo caso si potrebbe dire certamente se non con più di verità, almeno con semplicità maggiore che, trovandosi in istato di dissoluzione la selce e la calce nel fluido primitivo, il quale convien dire abbia lungamente coperta la superficie del nostro Pianeta nella sua prima infanzialibero quivi avendo esse l'esercizio delle affinità chimiche, le particelle integranti ossia assimilari della prima dal proprio dissolvente abbandonate, in confronto dell'azione di un altro più forte, siensi riunite e precipitate sotto una non affatto indeterminata figura, in questo luogo, e per particolari eventuali circostanze; e che talora imprigionando, nel loro accozzarsi insieme, de' piccioli noccioli di calce parimente dall'acido carbonico fatta precipitare e rappigliare, abbiano nel loro seno questi silicei aggruppamenti racchiuse le picciole masse calcari, che in essi scopriamo. Dovrebbesi poi soggiungere che alcuni di questi informi ineguali ammassi silicei, i più voluminosi sieno restati immobili sul fondo del gran pelago, e che la deposizione della calcarea sostanza, in assai maggiore quantità sopra di essi precipitata e deposta, gli abbia involti, ricoperti e schiacciati: mentre i più piccioli di essi nell'acque con maggior facilità fluttuanti e strascinati, arrotandosi sul proprio asse, abbiano riportata quella regolare figura, che in molti di essi miriamo: restando poscia anche questi dalla precipitazione della calce ricoperti e nella grande massa della roccia Alpina incorporati.

Ben contento d'aver fatto conoscere anche queste particolari petrificazioni, non ad altro aspiro che alla gloria di avere aggiunta qualche notizia alla massa generale de' fatti, che condur ci possono a ben esaminare il nostro Globo. E terminerò il discorso col detto di Plinio » Quero ne hæc legentes, quoniam in his spernunt multa, etiam relata fastidio damnent, cum in contemplatione Naturae nil possit videri supervacaneum .

NOTE

Mi sia qui permesso di soggiungere ad erudizione di chi nella Geologia non fosse per avventura versato, che le opinioni de' naturalisti de' tempi nostri sulla conformazione del nostro Pianeta sono trè. Altri, detti Plutonisti, opinano che la Terra in origine fosse tutta in una soluzione ignea pel calorico, che in essa agiva liberamente. Ed analogo a questa è l'opinione del cel. Buffon, il quale immaginò essere il nostro Globo un pezzo di Sole, staccatosi dall'urto di una Cometa, che gl'impresse i trè moti, nel nostro Pianeta conosciuti. Altri, chiamati Vulcanisti, suppongono un fuoco nel centro della Terra, il quale, emergendo pei vulcani, ne abbia cangiata tutta o quasi tutta la crosta. Altri finalmente, detti Nettunisti pensano che in principio tutto fosse acqua, equabilmente sparsa sopra tutta la superficie del Globo, e che porzione di essa per chimica azione siasi cangiata in aria, e il resto, succeduta essendo la precipitazione e la deposizione delle sostanze, da cui risultarono i terrei sedimenti e le stratificazioni, ed indi, mercè le occorse catastrofi, le montagne, siasi ritirato a formare i mari. Tutte e trè queste opinioni hanno de' rinomatissimi apologisti e de' grandi seguaci, i quali, della propria sentenza persuasi, cercano maestrevolmente confutare l'altrui, con ardite immaginazioni e con ingegnosi raziocinj, i quali reciprocamente ventilati e ribattuti fanno in ultima analisi conoscere essere assai poco quel che sappiamo, in confronto del molto che ancor ci resta a sapere, onde aver una lusinga fondata di cogliere giustamente nel segno.

Lapis Cotarius Wallerii spec. 83 b e spec. 86 b. Essa è qui disposta in guisa da riempire gli interstizj e le fessure maggiori della roccia calcare, di cui è formato il corpo della montagna, e da frastagliare a guisa di filoni il grande nocciolo e le sue adiacenze da un fianco all'altro.

Piz è derivativo da Spiz, parola tedesca che significa cima, cresta, .

Ueber den Bau der Erde in dem Alpen Gebirge .

19

Memoria Mineralogica sulla Valle di Fassa .

Non disaggradevole, almeno al lettor patrio, sarà, mi lusingo, che qui io faccia alcun cenno sul vhio monasterio, che di Abbazia diede il nome a questa villetta. Essa, che localmente appartiene a Vallalta, adiacenza di Valle Seriana, ebbe un cenobio di Cisterciensi, fondatovi da Gregorio vescovo di Bergamo nel secolo XII. Il prelato essendosi trovato con s. Bernardo al consiglio generale di Pisa, poscia in Milano, ottenne dal s. Abbate alcuni individui dell'ordine, all'uopo di fondare anche nel contado di Bergamo un monasterio di tale istituto, siccome altrove erasi fatto.

I monaci spediti scielsero, piuttosto che altra, l'erema situazione di Vallalta, come la più atta al ritiro, all'orazione ed alla contemplazione, che eglino in que' tempi professavano eminentemente.

Da un decreto, che lungamente si conservò, nell'archivio di quel cenobio, si raccoglie che la fabbrica della chiesa e del monasterio s'incominciò nel 1135, e fu presso che compita nel 1136. In esso documento, siccome accenna l'erudit. sig. Arciprete Ronchetti nelle sue Memorie Storiche della Città e Chiesa di Bergamo, , il prelato fondatore racconta » che, essendo egli indegno monaco ed umile vescovo della Chiesa di Bergamo, coll'autorità e favore di Papa Innocenzo, e col consenso e consiglio de' venerabili suoi fratelli chierici, del suo avvocato, e de' nobili e saggi cittadini, avea fabbricato nella detta valle Vallalta ne' fondi del suo vescovato una Chiesa in onore di S. Benedetto, sotto la cura di Ansoino uomo onesto e religioso, assegnato loro in padre e rettore, con ordine che tutti vivessero sotto l'ombra e tutela del vescovo di Bergamo.

Si descrivono poscia in questa antica carta i campi, i prati, i boschi e gli acquedotti di proprietà vescovile in detta valle, donati ad esso monasterio coll'appendice di libbre tredici di cera bianca lavorata, da contribuirsi annualmente in perpetuo al vescovo, alla quale donazione quasi contemporaneamente il prelato aggiunse l'altra della cappella di s. Salvatore in Bergamo con tutte le sue rendite: largizioni queste, che ancora con altre molte, confermate vennero da Papa

Da questo cenobio scelti vennero i monaci, che Altemano vescovo di Trento ricercò, ed adoperò nella istituzione di un monasterio dell'ordine in quella città presso la mentovata chiesa, vicino al ponte sull'Adige; quindi sì quella, che questo restarono sotto la dipendenza del monasterio di Vallalta.

Questo fiorì lungamente per uomini in santità e dottrina distinti; ed è ad essi che noi dobbiamo la coltivazione di quegli eremi luoghi, ora divenuti incomparabilmente più fruttiferi ed utili. Debbe essere stato soppresso questo cenobio nel secolo decimosesto, se vogliam credere al cenno, che ne fa lo storico nostro fra Celestino nella sua Istoria quadripartita di Bergamo; ma altri credono ciò avvenuto nel secolo susseguente.

Venne quindi secolarizzata l'Abbazia, e convertita in Commenda, che servì poscia lungamente di appanaggio a' prelati veneti; l'ultimo de' quali fu il cardinal Cornaro. Durante la vita di questo dignitario lesiastico il Veneto Senato avea con decr. 2 settembre 1773, fissata la vendita dell'Abbazia, disponendone il capitale alla pubblica za, onde coi prò fosse accresciuta la congrua ai parrochi più poveri della diocesi. E nel 1792, morto essendo il detto cardinale, il Governo si dispose ad effettuare questa saggia Sovrana disposizione.

Molti de' coloni, i quali da secoli avuta avevano gran parte de' fondi in affittanza, ricorsi, onde non esserne spogliati, ottennero dalla generosa paternità del Principato d'essere considerati quali livellarj perpetui, e liberi da qualsivoglia aumento di contribuzione in avvenire. Il nuovo compratore de' possessi dell'Abbazia ricever dovette essi coloni sotto tale denominazione e condizione; e versò nel pubblico erario il convenuto capitale; il cui frutto ebbe fedelmente il suaccennato uso lodevolissimo. Poco dopo essi coloni dal pubblico acquistatore redimettero in perpetuo i fondi livellati, e comperarono il resto dell'Abbazia.

Il fabbricato del monasterio ora è convertito per la massima parte in abitazione colonica: e la chiesa, la quale è di struttura antica, analoga appunto al gusto del secolo XII, fu alterata in occasione che, non ha guari, si pensò a ristorarla. E officiata da un cappellano in dipendenza della prepositurale di Albino, che ne è la parrocchia.

Ha sulla destra del coro una piccola cappella, ora usata a sacrestia, ove sono da mirarsi due belle arche sepolcrali di bardiglio, alquanto elevate da terra, e che appartengono all'illustre antichissima famiglia Suardi. Questi due monumenti, perfettamente simili, sono del gusto del secolo XIV, bene intagliati, ambidue con istemmi e geroglifici gentilizj del casato, il tutto ben conservato. Uno di essi è senza iscrizione; e l'altro ne conserva una incisa in caratteri gotici, da cui raccogliesi che un certo Nobilis Dominus Lanfrancus de Suardis vi è sepolto, passato all'altra vita il dì vigesimoprimo di gennajo del mille trecento trenta.

Cioè a dire un calcareus rudis spec. I. A, che passa al marmor unicolor album spec. 8. b Wall.

Ubi testacea et lithoophyta fossilia existunt in magna copia, ibi quondam fuere maris littora, aut abyssus; cum sint mera vestigia maris omni historia antiquiora. Diluvium vero non demonstrant, sed tantum longioris aevi rudera. Linneus Systema Naturæ tom. III. pag. 162, edit. Vindo bonæ 1770. Lithomarga Ludwigii, Marga tophacea Wall.

Si possono leggere su questo articolo il Dictionaire universel des fossiles propres, et fossiles accidentales del sig. Bertrand, e la sua altra opera Recueil de divers traitès sur l'Histoire Naturelle de la Terre, et des fossiles: les Lettres Phylosophiques de Bourguet: l'Index Testac. Gualtieri: e l'Enciclopedia T. IV. ediz. di Livorno corn diz.

Siffatta distruzione del guscio non è parimente successa in certe altre conchiglie bivalve, le quali si hanno copiosamente in una calcaria stratificazione, che dall'altura di Dossena sulla sinistra del Brembo mirasi corrispondere con declivio rettilineo ad un'altra identifica piena de' medesimi impietrimenti, che dassi a vedere nell'imo della vallata sulla destra dello stesso fiume, fra le ville di San Giovanbianco e di Cornello. Avvene fra queste alcuna, che sembra di fresco tolta dal suo elemento. Tanto sono ben conservate le sembianze originali del suo vestito, sebbene sostanzialmente essa non sia che carbonato di calce, siccome carbonato di calce è quello, di cui vedesi riempiuta.

Calx vi calcifica mutat corpora aliena in calcariam substantiam etc. Linneus Systema Natu. T. III. pag. 154 della sopracitata edizione.

Veramente il sig. Bertrand nel citato suo Dizionario de' fossili chiama specie di Ammoniti quelle, che a mio corto pensare van meglio dette varietà o sottospecie.

Il sig. Cuvier, parlando de' quadrupedi annovera ventidue specie perdute, affatto differenti da quelle, che ora noi conosciamo. Ed altri naturalisti hanno trovato un numero incomparabilmente maggiore di specie d'animali marini, de' quali non esistono più i prototipi, se non se nella classe degli impietrimenti.

Habitant hæc Hammonites a t totidem distinctæ species procul dubio in abysso pelagi inter deperditas numeratæ, nec testæ in ullo museo visæ Linneus nell'opera sopracitata.

Appunto per distinguere le une dalle altre si è convenuto comunemente fra i naturalisti di chiamare conchiglie Pelagiche quelle, che vivono nel più cupo fondo del mare, e Litorali quelle, che si hanno non molto lungi dal lido, o certamente a mediocre profondità.

Il sig. Desaillier d'Argenville, parlando della scoperta del sig. Bianchi, dice che » il primo, il quale ci abbia fatto conoscere i Corni d'Ammone microscopici fu il signor Bianchi, che li trovò sulle spiagge marine di Rimini unitamente ad altri nautili parimente microscopici. E cita la figura de' medesimi nell'Index Testac. del Gualtieri. Secondo poi esso sig. d'Argenville se ne sono trovati di alquanto più grandi nelle sabbie del Berghen in Norveggia, come dice anche Hoffmann Conchyliologie Desaillier d'Argenville T. I

La figura de' nostri Belenniti coincide perfettamente colla descrizione, che di questa fossile conchiglia ci somministra il Dictionnaire d'Histoire Naturelle, in 24 vol. in 8. Paris an XI 1805 all'articolo Belenniti.

Nel suo Systema Mineralogicum etc.

La qualche somiglianza tra li Belenniti e gli Ortoceratiti ha indotto alcuna fiata a prendere gli uni per gli altri; al che forse può aver dato motivo anche la comunione del nome generico di Helmintholithus dato da Linneo promiscuamente all'uno e all'altro di questi vermi conchiglia. Ma sono bastantemente marcate le caratteristiche differenze loro, perchè bene esaminandoli non si abbia a prendere abbaglio.

Il Belennite conosciuto presso gli antichi sotto il nome di Ceraunites, di Coracias, di Corvinus lapis, di Lapis Lyncis o Lyncarius secondo Dioscoride, Teofrasto, e Plinio, fu da quest'ultimo chiamato anche Datylus Ideus dall'essere desso stato rinvenuto sul monte Ida. Riportò dappoi varj altri nomi, fra i quali quello di Lapis fulminaris, e di Tonitrui cuneus dall'essere stato ben anche creduto un corpo formato nelle nuvole. Il signor Woodward nella sua Geografia Physica, ed i di lui seguaci Scheuchzer, e Monier sospettano che il Belennite sia originario del regno minerale; e dietro questi Langius nella sua Historia Lapid. figurat., ed Assaltus in notis ad Mercati metallurgiam lo vollero uno stalattite prodotto dal fluor minerale. Finalmente Libavius in Singul. B. III. Gesnero in Corollar. ad Epiphan. credettero che questo fossile fosse un Succino pietrificato. Luidius nella sua Tehnograph. Lithooph. Britan. mostrò dubitare che i Belenniti abbiano origine dal corno del pesce Narvallo, Narval, o dai Penacchj di mare Penicilla marina, oppure da' Dentali, Dentalia. E Volckman gli ebbe piuttosto per raggi e spine di un animale marino. Bourguet sostenne che denti fossero della Balena americana da Rondelet descritta sotto il nome di PhySeter, o del Cocodrillo Alligator parimente d'America Lett. philos. sur la format. des Sels: opinione adottata anche dagli Enciclopedisti. Altri come Klein e Sievers pensarono che fossero spine o raggi di Echini aculei vel radii Echinorum; e Fischer e Buffon loro seguaci persino asserirono possedere degli Echini forniti di queste spine. Fra i più moderni Rosinus De Belemnitibus, J. Th. Klein De Tubul. Marin., Breyn De Polythalamiis, ed Ehrhat De Belemn. Svev., Wolch De Stat. Reth., e Daumer nella sua Mineralogìa sostengono doversi i Belenniti collocare fra i Testacei, e potersi essi considerare quali tuboli Tubulos marini particolari peculiares, o noccioli, nucleos, generati ne' Testacei, siccome sembra credere anche Allioni nella sua Orycto. Pedemon. Ma svaniscono cotali opinioni in confronto di un attento esame, che si faccia è sulla interna struttura e sulla tessitura esteriore di questo Elmintolite. Wallerio stesso, che dapprima classificato avea il Belennite fra gli informi marini animali, Holothuriæ, abbandonò il suo parere meliora a N. V. Linnè iam edoctus. Wall. Systema Mineralogicum

Allioni asserisce egli pure nella sua Oryct. Pedem. Sopraccitata che il Belennite è una conchiglia pelagiana, vale a dire abitatrice, seppur sussiste, degli abissi del mare Bertrand Dictio il citato Dictionnaire d'Histoire Naturelle dice che i Belenniti sino ad ora non si sono da noi trovati che fossili.

Anche qui siami lecito di fare un cenno di storia politico patria rapporto a questo rinomatissimo santuario, sul quale si ha molto di favoloso, e pochissimo di certo e comprovato.

La chiesa di S. Maria di Misma anche dalla sua struttura appare di data molto antica, e fabbrica certamente de' bassi secoli. È adorna di un quadro rappresentante Maria Vergine Assunta: pittura del celebre nostro Moroni; e la quale vuolsi un capo d'opera di questo insigne pennello. Nel resto la chiesa non ha, a mio credere, cosa nè antica nè moderna, la quale possa l'altrui curiosità interessare.

S'inganna certamente lo storico nostro P. Calvi Effemeridi . coll'asserire, che la chiesa e prepositura di S. Maria di Misma sia stata una casa degli Umiliati, non essendovi in vero alcun documento, a cui una tale opinione si appoggia, anzi contrastandovi tutti que' pochi, che ce ne restano. Trovo al certo meglio fondata l'altra, che risulta dall'opera Sinopsis rerum ac temporum lesiæ Bergomensis etc., in cui tra le parrocchie della diocesi vengono riportate alcune distinte ed insigni per antichi collegi di canonici, e fra esse appunto quella sul monte Misma Parochiæ, quas inter multæ olim collegiis canonicorum insignes, nempe in monte Misma

In un rotolo antico, cioè del 1304, esistente nell'archivio parrocchiale di Cenate favoritomi in esempio dall'attuale proposto insigne oratore sig. D. Gio. Magri leggesi che un certo sacerdote Giacomo canonico di S. Maria di Misma fu chiamato al Sinodo Diocesano tenuto in Bergamo in detto anno dal vescovo Giovanni certamente della famiglia Scanzia ossia da Scanzo.

Ed in un altro rotolo di data anteriore esistente pur esso in quell'archivio trovasi pubblicato sulla piazza di Casco l'elenco dei fondi posseduti da' signori prebendi canonici, e dall'abbate da Terzo prevosto di S. Maria di Misma. Casco è una contrada della vasta comunità di Cenate alle radici del Misma lungo la strada, che al santuario conduce; e viene rammentata in varie antiche carte sino nel 774 del cel. nostro antiquario canonico Mario Lupi.

Trovasi fatta menzione del detto prevosto da Terzo anche in una decisione pronunciata dai due vicarj vescovili Guido da Mazzanica, ed Alberto da Premolo canonici della cattedrale di Bergamo nel 1294. Un certo Offredo da Terzo chierico di S. Maria di Misma affrontato avea con villanie in que' contorni esso prevosto da Terzo per nome Guiscardo, e poco dopo ferito in una coscia, mentre da quella chiesa tornava alla sua casa in Terzo. Chiamato l'offensore Offredo e comparso innanzi ai sumentovati vicarj, dimostrò con lunghe prove e molte testimonianze che per tema d'essere ucciso, e con sola intenzione di difendersi, gli aveva avventato un colpo di coltello e ferito in una gamba. Per la qual confessione bene convalidata il feritore da Terzo fu dai detti vicarj liberato dal giudizio. Ne esiste il documento nell'archivio della cattedrale.

È poi verissimo ciò, che dell'opera Vetera Humiliatorum monumenta etc. scrive della prepositura di Misma il rinomatissimo nostro cav. Tiraboschi ac veteris sane domus vestigia supersunt quam claustralium fuisse fert incolarum traditio , cioè essere costante antichissima tradizione che quivi abbianosoggiornato de' claustrali, ed apparirvi tutt'ora le vestigia dell'edificio, in cui eglino abitavano.

Su di tali vestigia attualmente vedonsi fabbricati il fenile e 'l rustico casolare, ove soggiorna un mandriano, che colà lunga pezza dell'anno si trattiene ad alimentare il suo armento col prodotto di quelle erte praterie, le quali una porzione costituiscono del pingue patrimonio della prevostura di S. Maria di Misma.

Per quale ragione poi abbia cessato in Misma quel collegio di canonici, ed in che tempo questa prepositura passata sia alla chiesa prepositurale di s. Martino di Cenate, io non lo so. Ciò debbe però essere successo prima del 1488, giacchè si trova che in tale anno Guidone de' Cucchi era prevosto di S. Maria di Misma e rettore della chiesa di S. Martino suddetta, siccome raccogliesi da certa differenza di possesso fondiale insorta fra questo prevosto ed il sindaco della comune, la quale fu poi composta dal giureconsulto Oliverio Agosti.

Nel documento usato dal proposto Cucchi a prova della legittimità de' suoi possessi vengono nominate due altre chiese appartenenti al collegio de' canonici, e alla prepositura di S. Maria di Misma, una sotto il titolo d'Ogni Santi nella contrada chiamata Plasso alla metà circa d'una delle falde meridionali del Misma per andare al santuario, ove ora non restano che scarse vestigia, e l'altra nella ridetta contrada di Casco sotto la invocazione di s. Ambrogio; la quale diroccata unitamente ad un picciolo ospizio, che quivi avevano parimente essi canonici, venne consecutivamente rifabbricata. Nel 1591 Leon Cucchi pronipote del lodato Guidone rinunciò a favore della ora estinta compagnia di Gesùla prepositura, o vogliam dire Abbazia di Misma, e tutti i di lei possessi, onde facilitare in Bergamo la introduzione di questo religioso istituto, il quale però non v'ebbe mai luogo.

Comunque però fosse l'affare di questa rinuncia, Leon Cucchi, e 'l di lui successore Patrizio Personeni continuarono a godere dell'una e degli altri. E non fu che dopo la morte di quest'ultimo, che il beneficio di S. Maria di Misma venne smembrato effettivamente dalla prevostura di s. Martino di Cenate, e goduta qual semplice Abbazia dal cardinal Vidiman, da un ab. Paolucci, da un ab. Priuli e da altri sino al 1750, in cui il benemerito prevosto Anton Maria Tiraboschi potè, con bolla pontificia, e con ducale del Principe riunirla all'antica chiesa di s. Martino di Cenate, co' privilegi, e colle distinte decorazioni, che le sono annesse.

Il ch. cavalier Amoretti mio amico singolarissimo possiede un corpo selcioso rilevato, affatto simile a serpente messosi a spirale, da lui trovato nella pietra calcare, da cui lo fece staccare collo scarpello, a Tramona presso Mendrisio al sud del lago di Lugano. Nel Journal des Mines num. 235 leggesi che poco lungi da Francfort trovaronsi molti serpenti petrificati a rilievo entro il Grauvake. Ebel pure parla di serpenti impietriti ritrovati nel canton di Glaris.

Che il nostro Globo sia stato primitivamente tutto coperto dall'acque è sentenza comunissima fra i geologi moderni; e fra gli antichi Seneca, Talete, e lo stesso sacro scrittore Mosè sono quelli, nelle cui opere questa sentenza vedesi più dichiaratamente enunciata.

ANNOTAZIONI

i Mi sia qui permesso di soggiungere ad erudizione di chi nella Geologia non fosse per avventura versato, che le opinioni de' naturalisti de' tempi nostri sulla conformazione del nostro Pianeta sono trè. Altri, detti Plutonisti, opinano che la Terra in origine fosse tutta in una soluzione ignea pel calorico, che in essa agiva liberamente. Ed analogo a questa è l'opinione del cel. Buffon, il quale immaginò essere il nostro Globo un pezzo di Sole, staccatosi dall'urto di una Cometa, che gl'impresse i trè moti, nel nostro Pianeta conosciuti. Altri, chiamati Vulcanisti, suppongono un fuoco nel centro della Terra, il quale, emergendo pei vulcani, ne abbia cangiata tutta o quasi tutta la crosta. Altri finalmente, detti Nettunisti pensano che in principio tutto fosse acqua, equabilmente sparsa sopra tutta la superficie del Globo, e che porzione di essa per chimica azione siasi cangiata in aria, e il resto, succeduta essendo la precipitazione e la deposizione delle sostanze, da cui risultarono i terrei sedimenti e le stratificazioni, ed indi, mercè le occorse catastrofi, le montagne, siasi ritirato a formare i mari.

Tutte e trè queste opinioni hanno de' rinomatissimi apologisti e de' grandi seguaci, i quali, della propria sentenza persuasi, cercano maestrevolmente confutare l'altrui, con ardite immaginazioni e con ingegnosi raziocinj, i quali reciprocamente ventilati e ribattuti fanno in ultima analisi conoscere essere assai poco quel che sappiamo, in confronto del molto che ancor ci resta a sapere, onde aver una lusinga fondata di cogliere giustamente nel segno.

Lapis Cotarius Wallerii spec. 83 b e spec. 86 b. Essa è qui disposta in guisa da riempire gli interstizj e le fessure maggiori della roccia calcare, di cui è formato il corpo della montagna, e da frastagliare a guisa di filoni il grande nocciolo e le sue adiacenze da un fianco all'altro.

Piz è derivativo da Spiz, parola tedesca che significa cima, cresta, .

Ueber den Bau der Erde in dem Alpen Gebirge .

27

Memoria Mineralogica sulla Valle di Fassa .

Non disaggradevole, almeno al lettor patrio, sarà, mi lusingo, che qui io faccia alcun cenno sul vhio monasterio, che di Abbazia diede il nome a questa villetta. Essa, che localmente appartiene a Vallalta, adiacenza di Valle Seriana, ebbe un cenobio di Cisterciensi, fondatovi da Gregorio vescovo di Bergamo nel secolo XII. Il prelato essendosi trovato con s. Bernardo al consiglio generale di Pisa, poscia in Milano, ottenne dal s. Abbate alcuni individui dell'ordine, all'uopo di fondare anche nel contado di Bergamo un monasterio di tale istituto, siccome altrove erasi fatto.

I monaci spediti scielsero, piuttosto che altra, l'erema situazione di Vallalta, come la più atta al ritiro, all'orazione ed alla contemplazione, che eglino in que' tempi professavano eminentemente.

Da un decreto, che lungamente si conservò, nell'archivio di quel cenobio, si raccoglie che la fabbrica della chiesa e del monasterio s'incominciò nel 1135, e fu presso che compita nel 1136. In esso documento, siccome accenna l'erudit. sig. Arciprete Ronchetti nelle sue Memorie Storiche della Città e Chiesa di Bergamo, il prelato fondatore racconta che, essendo egli indegno monaco ed umile vescovo della Chiesa di Bergamo, coll'autorità e favore di Papa Innocenzo, e col consenso e consiglio de' venerabili suoi fratelli chierici, del suo avvocato, e de' nobili e saggi cittadini, avea fabbricato nella detta valle Vallalta ne' fondi del suo vescovato una Chiesa in onore di S. Benedetto, sotto la cura di Ansoino uomo onesto e religioso, assegnato loro in padre e rettore, con ordine che tutti vivessero sotto l'ombra e tutela del vescovo di Bergamo.

Si descrivono poscia in questa antica carta i campi, i prati, i boschi e gli acquedotti di proprietà vescovile in detta valle, donati ad esso monasterio coll'appendice di libbre tredici di cera bianca lavorata, da contribuirsi annualmente in perpetuo al vescovo, alla quale donazione quasi contemporaneamente il prelato aggiunse l'altra della cappella di s. Salvatore in Bergamo con tutte le sue rendite: largizioni queste, che ancora con altre molte, confermate vennero da Papa

Da questo cenobio scelti vennero i monaci, che Altemano vescovo di Trento ricercò, ed adoperò nella istituzione di un monasterio dell'ordine in quella città presso la mentovata chiesa, vicino al ponte sull'Adige; quindi sì quella, che questo restarono sotto la dipendenza del monasterio di Vallalta.

Questo fiorì lungamente per uomini in santità e dottrina distinti; ed è ad essi che noi dobbiamo la coltivazione di quegli eremi luoghi, ora divenuti incomparabilmente più fruttiferi ed utili. Debbe essere stato soppresso questo cenobio nel secolo decimosesto, se vogliam credere al cenno, che ne fa lo storico nostro fra Celestino nella sua Istoria quadripartita di Bergamo; ma altri credono ciò avvenuto nel secolo susseguente.

Venne quindi secolarizzata l'Abbazia, e convertita in Commenda, che servì poscia lungamente di appanaggio a' prelati veneti; l'ultimo de' quali fu il cardinal Cornaro. Durante la vita di questo dignitario lesiastico il Veneto Senato avea con decr. 2 settembre 1773, fissata la vendita dell'Abbazia, disponendone il capitale alla pubblica za, onde coi prò fosse accresciuta la congrua ai parrochi più poveri della diocesi. E nel 1792, morto essendo il detto cardinale, il Governo si dispose ad effettuare questa saggia Sovrana disposizione.

Molti de' coloni, i quali da secoli avuta avevano gran parte de' fondi in affittanza, ricorsi, onde non esserne spogliati, ottennero dalla generosa paternità del Principato d'essere considerati quali livellarj perpetui, e liberi da qualsivoglia aumento di contribuzione in avvenire. Il nuovo compratore de' possessi dell'Abbazia ricever dovette essi coloni sotto tale denominazione e condizione; e versò nel pubblico erario il convenuto capitale; il cui frutto ebbe fedelmente il suaccennato uso lodevolissimo. Poco dopo essi coloni dal pubblico acquistatore redimettero in perpetuo i fondi livellati, e comperarono il resto dell'Abbazia.

Il fabbricato del monasterio ora è convertito per la massima parte in abitazione colonica: e la chiesa, la quale è di struttura antica, analoga appunto al gusto del secolo XII, fu alterata in occasione che, non ha guari, si pensò a ristorarla. E officiata da un cappellano in dipendenza della prepositurale di Albino, che ne è la parrocchia.

Ha sulla destra del coro una piccola cappella, ora usata a sacrestia, ove sono da mirarsi due belle arche sepolcrali di bardiglio, alquanto elevate da terra, e che appartengono all'illustre antichissima famiglia Suardi. Questi due monumenti, perfettamente simili, sono del gusto del secolo XIV, bene intagliati, ambidue con istemmi e geroglifici gentilizj del casato, il tutto ben conservato. Uno di essi è senza iscrizione; e l'altro ne conserva una incisa in caratteri gotici, da cui raccogliesi che un certo Nobilis Dominus Lanfrancus de Suardis vi è sepolto, passato all'altra vita il dì vigesimoprimo di gennajo del mille trecento trenta.

Cioè a dire un calcareus rudis spec. I. A, che passa al marmor unicolor album spec. 8. b Wall.

Ubi testacea et lithoophyta fossilia existunt in magna copia, ibi quondam fuere maris littora, aut abyssus; cum sint mera vestigia maris omni historia antiquiora. Diluvium vero non demonstrant, sed tantum longioris aevi rudera. Linneus Systema Naturæ. Vindobonæ 1770.

Lithomarga Ludwigii, Marga tophacea Wall.

Si possono leggere su questo articolo il Dictionaire universel des fossiles propres, et fossiles accidentales del sig. Bertrand, e la sua altra opera Recueil de divers traitès sur l'Histoire Naturelle de la Terre, et des fossiles: les Lettres Phylosophiques de Bourguet: l'Index Testac. Gualtieri: e l'Enciclopedia T. e moltissimi altri autori.

Siffatta distruzione del guscio non è parimente successa in certe altre conchiglie bivalve, le quali si hanno copiosamente in una calcaria stratificazione, che dall'altura di Dossena sulla sinistra del Brembo mirasi corrispondere con declivio rettilineo ad un'altra identifica piena de' medesimi impietrimenti, che dassi a vedere nell'imo della vallata sulla destra dello stesso fiume, fra le ville di San Giovanbianco e di Cornello. Avvene fra queste alcuna, che sembra di fresco tolta dal suo elemento. Tanto sono ben conservate le sembianze originali del suo vestito, sebbene sostanzialmente essa non sia che carbonato di calce, siccome carbonato di calce è quello, di cui vedesi riempiuta.

Calx vi calcifica mutat corpora aliena in calcariam substantiam etc. Linneus Systema Natu. della sopracitata edizione.

Veramente il sig. Bertrand nel citato suo Dizionario de' fossili chiama specie di Ammoniti quelle, che a mio corto pensare van meglio dette varietà o sottospecie. 14 Il sig. Cuvier, parlando de' quadrupedi annovera ventidue specie perdute, affatto differenti da quelle, che ora noi conosciamo. Ed altri naturalisti hanno trovato un numero incomparabilmente maggiore di specie d'animali marini, de' quali non esistono più i prototipi, se non se nella classe degli impietrimenti.

Habitant hæc Hammonites a t totidem distinctæ species procul dubio in abysso pelagi inter deperditas numeratæ, nec testæ in ullo museo visæ Linneus nell'opera sopracitata .

Appunto per distinguere le une dalle altre si è convenuto comunemente fra i naturalisti di chiamare conchiglie Pelagiche quelle, che vivono nel più cupo fondo del mare, e Litorali quelle, che si hanno non molto lungi dal lido, o certamente a mediocre profondità.

Il sig. Desaillier d'Argenville, parlando della scoperta del sig. Bianchi, dice che » il primo, il quale ci abbia fatto conoscere i Corni d'Ammone microscopici fu il signor Bianchi, che li trovò sulle spiagge marine di Rimini unitamente ad altri nautili parimente microscopici. E cita la figura de' medesimi nell'Index Testac. del Gualtieri. Secondo poi esso sig. d'Argenville se ne sono trovati di alquanto più grandi nelle sabbie del Berghen in Norveggia, come dice anche Hoffmann Conchyliologie Desaillier d'Argenville

La figura de' nostri Belenniti coincide perfettamente colla descrizione, che di questa fossile conchiglia ci somministra il Dictionnaire d'Histoire Naturelle, in 24 vol. in 8. Paris an XI 1805 all'articolo Belenniti.

Nel suo Systema Mineralogicum etc. La qualche somiglianza tra li Belenniti e gli Ortoceratiti ha indotto alcuna fiata a prendere gli uni per gli altri; al che forse può aver dato motivo anche la comunione del nome generico di Helmintholithus dato da Linneo promiscuamente all'uno e all'altro di questi vermi conchiglia. Ma sono bastantemente marcate le caratteristiche differenze loro, perchè bene esaminandoli non si abbia a prendere abbaglio.

Il Belennite conosciuto presso gli antichi sotto il nome di Ceraunites, di

Coracias, di Corvinus lapis, di Lapis Lyncis o Lyncarius secondo
Dioscoride, Teofrasto, e Plinio, fu da quest'ultimo chiamato anche Datylus
Ideus dall'essere desso stato rinvenuto sul monte Ida. Riportò dappoi varj
altri nomi, fra i quali quello di Lapis fulminaris, e di Tonitrui cuneus
dall'essere stato ben anche creduto un corpo formato nelle nuvole. Il signor
Woodward nella sua Geografia Physica, ed i di lui seguaci Scheuchzer, e
Monier sospettano che il Belennite sia originario del regno minerale; e
dietro questi Langius nella sua Historia Lapid. figurat., ed Assaltus in notis
ad Mercati metallurgiam lo vollero uno stalattite prodotto dal fluor
minerale. Gesnero in Corollar. ad Epiphan. credettero che questo fossile
fosse un Succino pietrificato. Luidius nella sua Tehnograph. Lithooph.
Britan. mostrò dubitare che i Belenniti abbiano origine dal corno del pesce
Narvallo, Narval, o dai Penacchj di mare Penicilla marina, oppure da'
Dentali, Dentalia. E Volckman gli ebbe piuttosto per raggi e spine di un
animale marino. Bourguet sostenne che denti fossero della Balena
americana da Rondelet descritta sotto il nome di PhySeter, o del Cocodrillo
Alligator parimente d'America Lett. philos. sur la format. des Sels: opinione
adottata anche dagli Enciclopedisti. Altri come Klein e Sievers pensarono
che fossero spine o raggi di Echini aculei vel radii Echinorum; e Fischer e
Buffon loro seguaci persino asserirono possedere degli Echini forniti di
queste spine. Fra i più moderni Rosinus De Belemnitibus, J. Th. Klein De
Tubul. Marin., Breyn De Polythalamiis, ed Ehrhat De Belemn. Svev.,
Wolch De Stat. Reth., e Daumer nella sua Mineralogìa sostengono doversi i
Belenniti collocare fra i Testacei, e potersi essi considerare quali tuboli
Tubulos marini particolari peculiares, o noccioli, nucleos, generati ne'
Testacei, siccome sembra credere anche Allioni nella sua Orycto. Pedemon.
Ma svaniscono cotali opinioni in confronto di un attento esame, che si
faccia è sulla interna struttura e sulla tessitura esteriore di questo
Elmintolite. Wallerio stesso, che dapprima classificato avea il Belennite fra
gli informi marini animali, Holothuriæ, abbandonò il suo parere meliora a
N. V. Linnè iam edoctus. Wall. Systema Mineralogicum, calce,
Allioni asserisce egli pure nella sua Oryct. Pedem. Sopraccitata che il
Belennite è una conchiglia pelagiana, vale a dire abitatrice, seppur sussiste,
degli abissi del mare Bertrand Dictio. Oryct., pag. 70.; ed il citato
Dictionnaire d'Histoire Naturelle dice che i Belenniti sino ad ora non si
sono da noi trovati che fossili.
I 15 viridescens vel colore ferreo Wall. 26 Anche qui siami lecito di fare un
cenno di storia politico patria rapporto a questo rinomatissimo santuario,
sul quale si ha molto di favoloso, e pochissimo di certo e comprovato.
La chiesa di S. Maria di Misma anche dalla sua struttura appare di data
molto antica, e fabbrica certamente de' bassi secoli. È adorna di un quadro
rappresentante Maria Vergine Assunta: pittura del celebre nostro Moroni; e

la quale vuolsi un capo d'opera di questo insigne pennello. Nel resto la chiesa non ha, a mio credere, cosa nè antica nè moderna, la quale possa l'altrui curiosità interessare.

S'inganna certamente lo storico nostro P. Calvi Effemeridi . coll'asserire, che la chiesa e prepositura di S. Maria di Misma sia stata una casa degli Umiliati, non essendovi in vero alcun documento, a cui una tale opinione si appoggia, anzi contrastandovi tutti que' pochi, che ce ne restano. Trovo al certo meglio fondata l'altra, che risulta dall'opera Sinopsis rerum ac temporum Iesiæ Bergomensis in cui tra le parrocchie della diocesi vengono riportate alcune distinte ed insigni per antichi collegi di canonici, e fra esse appunto quella sul monte Misma. Parochiæ, quas inter multæ olim collegiis canonicorum insignes, nempe in monte Misma .

In un rotolo antico, cioè del 1304, esistente nell'archivio parrocchiale di Cenate favoritomi in esempio dall'attuale proposto insigne oratore sig. D. Gio. Magri leggesi che un certo sacerdote Giacomo canonico di S. Maria di Misma fu chiamato al Sinodo Diocesano tenuto in Bergamo in detto anno dal vescovo Giovanni certamente della famiglia Scanzia ossia da Scanzo.

Ed in un altro rotolo di data anteriore esistente pur esso in quell'archivio trovasi pubblicato sulla piazza di Casco l'elenco dei fondi posseduti da' signori prebendi canonici, e dall'abbate da Terzo prevosto di S. Maria di Misma. Casco è una contrada della vasta comunità di Cenate alle radici del Misma lungo la strada, che al santuario conduce; e viene rammentata in varie antiche carte sino nel 774 Codex Diplomaticus etc. pag. 540 del cel. nostro antiquario canonico Mario Lupi.

Trovasi fatta menzione del detto prevosto da Terzo anche in una decisione pronunciata dai due vicarj vescovili Guido da Mazzanica, ed Alberto da Premolo canonici della cattedrale di Bergamo nel 1294. Un certo Offredo da Terzo chierico di S. Maria di Misma affrontato avea con villanie in que' contorni esso prevosto da Terzo per nome Guiscardo, e poco dopo ferito in una coscia, mentre da quella chiesa tornava alla sua casa in Terzo. Chiamato l'offensore Offredo e comparso innanzi ai sumentovati vicarj, dimostrò con lunghe prove e molte testimonianze che per tema d'essere ucciso, e con sola intenzione di difendersi, gli aveva avventato un colpo di coltello e ferito in una gamba. Per la qual confessione bene convalidata il feritore da Terzo fu dai detti vicarj liberato dal giudizio. Ne esiste il documento nell'archivio della cattedrale.

È poi verissimo ciò, che nel dell'opera Vetera Humiliatorum monumenta etc. scrive della prepositura di Misma il rinomatissimo nostro cav. Tiraboschi ac veteris sane domus vestigia supersunt quam claustralium fuisse fert incolarum traditio , cioè essere costante antichissima tradizione che quivi abbiano soggiornato de' claustrali, ed apparirvi tutt'ora le vestigia dell'edificio, in cui eglino abitavano.

Su di tali vestigia attualmente vedonsi fabbricati il fenile e 'l rustico casolare, ove soggiorna un mandriano, che colà lunga pezza dell'anno si trattiene ad alimentare il suo armento col prodotto di quelle erte praterie, le quali una porzione costituiscono del pingue patrimonio della prevostura di S. Maria di Misma.

Per quale ragione poi abbia cessato in Misma quel collegio di canonici, ed in che tempo questa prepositura passata sia alla chiesa prepositurale di s. Martino di Cenate, io non lo so. Ciò debbe però essere successo prima del 1488, giacchè si trova che in tale anno Guidone de' Cucchi era prevosto di S. Maria di Misma e rettore della chiesa di S. Martino suddetta, siccome raccogliesi da certa differenza di possesso fondiale insorta fra questo prevosto ed il sindaco della comune, la quale fu poi composta dal giureconsulto Oliverio Agosti.

Nel documento usato dal proposto Cucchi a prova della legittimità de' suoi possessi vengono nominate due altre chiese appartenenti al collegio de' canonici, e alla prepositura di S. Maria di Misma, una sotto il titolo d'Ogni Santi nella contrada chiamata Plasso alla metà circa d'una delle falde meridionali del Misma per andare al santuario, ove ora non restano che scarse vestigia, e l'altra nella ridetta contrada di Casco sotto la invocazione di s. Ambrogio; la quale diroccata unitamente ad un picciolo ospizio, che quivi avevano parimente essi canonici, venne consecutivamente rifabbricata.

Nel 1591 Leon Cucchi pronipote del lodato Guidone rinunciò a favore della ora estinta compagnia di Gesù la prepositura, o vogliam dire Abbazia di Misma, e tutti i di lei possessi, onde facilitare in Bergamo la introduzione di questo religioso istituto, il quale però non v'ebbe mai luogo.

Comunque però fosse l'affare di questa rinuncia, Leon Cucchi, e 'l di lui successore Patrizio Personeni continuarono a godere dell'una e degli altri. E non fu che dopo la morte di quest'ultimo, che il beneficio di S. Maria di Misma venne smembrato effettivamente dalla prevostura di s. Martino di Cenate, e goduta qual semplice Abbazia dal cardinal Vidiman, da un ab. Paolucci, da un ab. Priuli e da altri sino al 1750, in cui il benemerito prevosto Anton Maria Tiraboschi potè, con bolla pontificia, e con ducale del Principe riunirla all'antica chiesa di s. Martino di Cenate, co' privilegi, e colle distinte decorazioni, che le sono annesse.

Il ch. cavalier Amoretti mio amico singolarissimo possiede un corpo selcioso rilevato, affatto simile a serpente messosi a spirale, da lui trovato nella pietra calcare, da cui lo fece staccare collo scarpello, a Tramona presso Mendrisio al sud del lago di Lugano. Nel Journal des Mines num. 235 leggesi che poco lungi da Francfort trovaronsi molti serpenti petrificati a rilievo entro il Grauvake. Ebel pure parla di serpenti impietriti ritrovati nel canton di Glaris.

Che il nostro Globo sia stato primitivamente tutto coperto dall'acque è sentenza comunissima fra i geologi moderni; e fra gli antichi Seneca, Talete, e lo stesso sacro scrittore Mosè sono quelli, nelle cui opere questa sentenza vedesi più dichiaratamente enunciata.

www.ingramcontent.com/pod-product-compliance
Lightning Source LLC
Chambersburg PA
CBHW072315200526
45168CB00014B/1581